BEI GRIN MACHT SICH IHR WISSEN BEZAHLT

- Wir veröffentlichen Ihre Hausarbeit,
  Bachelor- und Masterarbeit

- Ihr eigenes eBook und Buch -
  weltweit in allen wichtigen Shops

- Verdienen Sie an jedem Verkauf

Jetzt bei www.GRIN.com hochladen und kostenlos publizieren

Bibliografische Information der Deutschen Nationalbibliothek:

Die Deutsche Bibliothek verzeichnet diese Publikation in der Deutschen National-
bibliografie; detaillierte bibliografische Daten sind im Internet über http://dnb.d-
nb.de/ abrufbar.

Impressum:

Copyright © 2015 GRIN Verlag
Druck und Bindung: Books on Demand GmbH, Norderstedt Germany
ISBN: 9783668179455

Jonas Brüggemann

Antriebskonzepte für Fahrzeuge. Ein Vergleich von Verbrennungs- und Elektromotor

GRIN Verlag

Verbrennungs- und Elektromotor als Antriebskonzepte für Fahrzeuge - ein Vergleich

Inhaltsverzeichnis

1. Einleitung

In der heutigen Zeit rückt die Problematik der sinkenden Vorkommen von fossilen Rohstoffen wie Erdöl, Erdgas und Kohle immer weiter in den Vordergrund. Es müssen Alternativen zu diesen vergänglichen Energiequellen gesucht und erforscht werden. Da die Mobilität der Welt zu einem Großteil von Kraftfahrzeugen abhängt und diese in der Gesellschaft nicht mehr wegzudenken sind, muss auch in diesem Sektor die Umwandlung von Energiequellen in mechanische Arbeit überdacht werden, weil für die Gewinnung der meisten Kraftstoffe Erdöl benötigt wird. Dieses wird jedoch aufgrund seines ständigen Abbaus und Verbrauchs voraussichtlich immer teurer und seltener werden und somit kann es passieren, dass einigen Menschen wegen der steigenden Kraftstoffkosten der Besitz eines eigenen Kraftfahrzeugs finanziell nicht mehr möglich ist. Aufgrund meines großen Interesses an Technik und Automobilität habe ich mich entschieden, in dieser Facharbeit Verbrennungs- und Elektromotoren als Antriebskonzepte für Fahrzeuge in verschiedenen Faktoren zu vergleichen.

Die Themeneingrenzung auf Verbrennungs- und Elektromotoren begründet sich insofern, als dass eine Betrachtung weiterer Antriebskonzepte (wie etwa Motoren mit einer Brennstoffzelle) im Hinblick auf das vorgegebene Ausmaß dieser Arbeit nicht möglich ist.

Der Vergleich findet zunächst auf technischer Ebene statt, um danach ebenfalls einen Blick auf Effizienz, Kosten, Umweltbelastung und Nachhaltigkeit zu werfen. Es ist zu erwarten, dass der Elektromotor besonders im Hinblick auf Fahrleistungen, Effizienz und Nachhaltigkeit, bzw. Umweltbelastung die besseren Werte erzielen wird. Der Verbrennungsmotor dürfte hingegen bei den Anschaffungskosten punkten, während der Elektromotor hingegen hinsichtlich Unterhalts- und Betriebskosten möglicherweise günstiger ist.

Ziel soll sein, abwägen zu können, ob und inwiefern Elektromotoren schon heute eine gute und brauchbare Alternative zu Verbrennungsmotoren darstellen und mögliche Probleme und Schwachstellen aufzuzeigen, die erstere mit sich bringen.

2. Technik und Aufbau

2.1 Technik und Aufbau eines Verbrennungsmotors[1]

In Verbrennungsmotoren wird anders als in Elektromotoren chemische Energie in
mechanische Arbeit, also kinetische Energie umgewandelt. Die Funktionsweise
eines Verbrennungsmotors soll hier zunächst an einem 4-Takt-Ottomotor
dargestellt werden. Die Arbeitstakte sehen wie folgt aus:

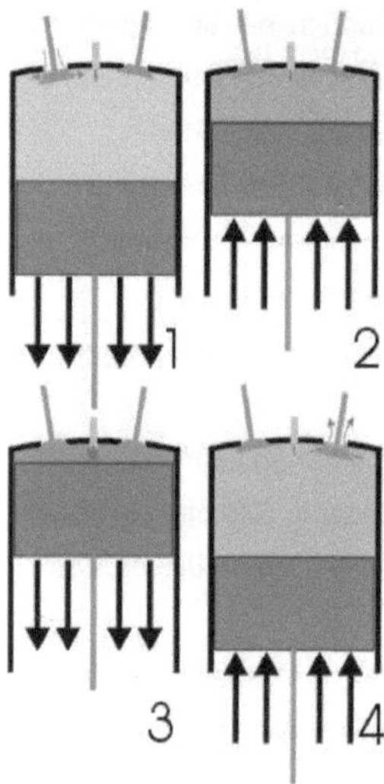

Abbildung 1: Die 4 Arbeitstakte eines Ottomotors[2]

1. Ansaugen des Kraftstoff-Luft-Gemisches

    Zuerst wird durch ein Ventil ein Gemisch aus Kraftstoff (im Fall des
    Ottomotors Benzin) in den Zylinder gesaugt.
2. Verdichten

    Nun wird das Gemisch im Zylinder durch den hochschnellenden
    Zylinderkolben verdichtet.
3. Zündung, Verbrennung, Arbeiten

    Im nächsten Arbeitstakt wird das Gemisch durch eine am Zylinderkopf
    sitzende Zündkerze entzündet. Da die Zündung durch eine Zündkerze

---

[1] http://de.wikipedia.org/wiki/Verbrennungsmotor
[2] http://de.wikipedia.org/wiki/Ottomotor#mediaviewer/File:Motortakte.png

geschieht, heißt das Verfahren Fremdzündung. Diese sollte im Optimalfall kurz vor dem oberen Totpunkt (OT) geschehen. Durch die bei der Verbrennung entstehende Wärmeentwicklung und -ausdehnung wird der Zylinderkolben wieder zurückgeschleudert und treibt so die mit dem Getriebe verbundene Kurbelwelle an.

4. Ausstoßen der Abgase

Zuletzt wird das verbrannte Kraftstoff-Luft-Gemisch durch ein zweites Ventil aus dem Zylinder gedrückt. Das Öffnen und Schließen der Ansaug- und Ausstoßventile wird durch die Nockenwelle koordiniert.

Bei Ottomotoren findet die Gemischbildung außerhalb des Zylinders statt. Früher war es üblich, den Kraftstoff durch Vergaser zu zerstäuben. Heutzutage wird dieses Verfahren nur noch in Kleinmotoren angewendet. Meistens wird der Kraftstoff dem Luftstrom im Ansaugkanal oder erst kurz vor dem Einlassventil beigemischt. Die äußere Gemischbildung lässt eine schnellere und präzisere Steuerung der Kraftstoffmenge zu, außerdem sind durch dieses Verfahren hohe Motordrehzahlen möglich, da die Verbrennung des Gemisches sofort erfolgen kann.

In Dieselmotoren dagegen findet die Gemischbildung erst innerhalb des Zylinders statt (innere Gemischbildung). Wie beim Ottomotor wird das Ansaugventil durch die Nockenwelle geöffnet, allerdings wird nur Luft in den Zylinder gesaugt, welche durch den hohen Druck des hochschnellenden Kolbens auf ca. 800-900°C erhitzt wird. Der Dieselkraftstoff wird erst kurz vor der Verbrennung in den Brennraum eingespritzt und entzündet sich nach der Vermischung mit der Luft im Zylinder durch die hohen Temperaturen von selbst. Der Dieselmotor wird deshalb als Selbstzünder bezeichnet, er benötigt keine Fremdzünder wie Zündkerzen im Ottomotor. Die innere Gemischbildung erklärt die für Dieselmotoren charakteristischen niedrigen Drehzahlen, da der Kraftstoff vor der Zündung Zeit benötigt, um sich im Brennraum mit der Luft zu einem zündfähigen Kraftstoff-Luft-Gemisch zu vermischen.

Die folgenden Bauformen von Verbrennungsmotoren sind heute in Kraftfahrzeugen gebräuchlich:
- Einzylindermotor (1Zylinder)
- Reihenmotor (2/ 3/ 4/ 5/ 6 Zylinder): Die Zylinder sind in einer Reihe angeordnet.

- V-Motor (2/ 4/ 6/ 8/ 10/ 12 Zylinder): Die Zylinder sind in einer V-Form angeordnet.

- VR-Motor (5/ 6 Zylinder): Diese Bauform ist eine Kombination aus einem V- und einem Reihenmotor. Die Zylinder sind in einer leichten V-Stellung angeordnet.

- W-Motor (12/ 16 Zylinder): Die Zylinder sind in einer W-Form angeordnet, allerdings ist dies nur bei hohen Zylinderzahlen üblich.

- Boxermotor (2/ 4/ 6 Zylinder): Die Zylinder liegen mit einem Winkel von 180° einander gegenüber.

2.2 Technik und Aufbau eines Elektromotors[3,4]

Zunächst soll an dieser Stelle das Prinzip eines Permanentmagnet-Gleichstrommotors erläutert werden. Dieser nutzt letztendlich die Lorentzkraft als Rotationsimpuls. Der Motor ist wie folgt aufgebaut *(vgl. Abbildung 2)*:
Ein Leiterstück (meist eine Spule mit Eisenkern (Rotor)) liegt auf einer Achse gelagert in einem möglichst homogenen Magnetfeld (Stator). Die Achse des Rotors ist mit dem Kommutator verbunden, der über zwei Schleifstücke (meist Kohlestücke oder Schleifbürsten) mit der Stromquelle verbunden ist. Wenn man nun Strom durch den Rotor fließen lässt, wirkt aufgrund der orthogonalen Stellung des Rotors auf das Magnetfeld eine Lorentzkraft, die abermals orthogonal auf den Rotor wirkt und somit zu seiner Drehung führt. Diese Form des Elektromotors kann aber zu Problemen führen, wenn der Rotor in *Abbildung 2* waagerecht steht, da so keine Lorentzkraft entsteht, weil technische Stromrichtung und Magnetfeld parallel zueinander stehen. Wenn der Rotor nach Ausschalten des Motors zufällig waagerecht stehenbleiben sollte, kann der Motor aus eigener Kraft nicht mehr anlaufen. Um dies zu verhindern, werden bei Elektromotoren meist viele Spulen kreisförmig nebeneinandergesetzt, da so immer eine Lorentzkraft entstehen kann, weil mindestens eine Spule nicht waagerecht zum Magnetfeld steht. Der Kommutator ist mit den Leiterenden der Spulen verbunden und in so viele Teile aufgespalten und isoliert, wie Leiterenden vorhanden sind (am Beispiel von *Abbildung 2*: zwei Leiterenden, Kommutator in zwei leitende Stücke unterteilt, welche voneinander isoliert sind). Der Kommutator muss so ausgerichtet sein, dass immer die Spule, die orthogonal zum Magnetfeld steht, mit Strom durchflossen wird, um immer die volle Kraft zur

---

[3] http://de.wikipedia.org/wiki/Elektromotor#Praktische_Anwendungen
[4] http://de.wikipedia.org/wiki/Elektroauto

Drehung des Rotors zu erzeugen. Dies erklärt unter anderem auch die enorm hohen Drehmomente von Elektromotoren.

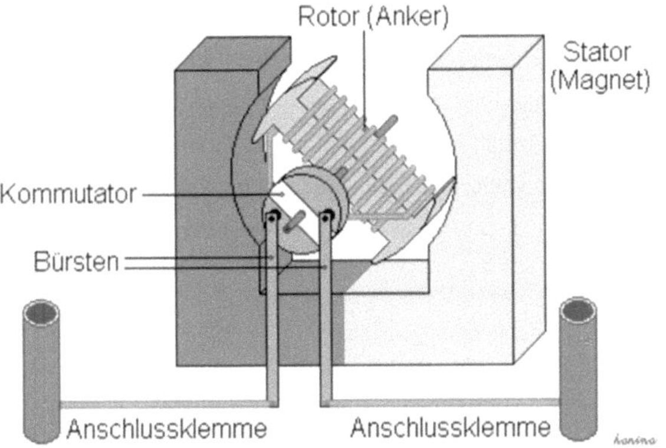

Abbildung 2: Aufbau eines Permanentmagnet-Gleichstrommotors[5]

Elektromotoren speichern ihre Antriebsenergie meistens in Akkumulatoren, auch in Verbindung mit Kondensatoren mit hoher Energiedichte (siehe auch 2.2.3). Oft werden Lithium-Akkumulatoren verbaut, da diese im Gegensatz zu Bleiakkumulatoren eine höhere Energiedichte aufweisen und zudem noch um einiges leichter sind. Außerdem haben Bleiakkumulatoren nur eine geringe Zyklenfestigkeit, das heißt, dass sie nach häufigem Aufladen ihre Leistungskriterien nicht mehr erfüllen (siehe auch 2.2.2). Allerdings sind Lithium-Akkumulatoren sehr temperaturempfindlich und verlieren besonders bei niedrigen Temperaturen erheblich an Reichweite, da die Beweglichkeit der Ladungsträger abnimmt. Deshalb müssen Klimasysteme entwickelt werden, um die Akkus immer auf Optimaltemperatur zu halten. Außerdem sind sie sehr empfindlich gegenüber Überladung und Tiefentladung. Dies setzt meist eine genaue Ladeplanung voraus, besonders bei Langstrecken. Des Weiteren wird die ohnehin schon geringe Reichweite der Akkumulatoren durch weitere Energieverbraucher wie z.B. Klimaanlage nochmals stark beeinträchtigt, dies fällt gerade im Winter in Verbindung mit den tiefen Temperaturen besonders ins Gewicht. Ein weiterer Schwachpunkt von Elektromotoren sind die langen Ladezeiten, welche an normalen Steckdosen mehrere Stunden in Anspruch

---

[5] http://elweb.info/dokuwiki/lib/exe/fetch.php?tok=331524&media=http%3A%2F%2Fuplo
ad.wikimedia.org%2Fwikipedia%2Fde%2F5%2F52%2FGleichstrommaschine.PNG

nehmen können. All diese Schwachstellen und Probleme führen zur Notwendigkeit eines Batteriemanagementsystems (BMS, siehe 2.2.2). Allerdings bieten Elektromotoren gegenüber Verbrennungsmotoren auch viele Vorteile. So stellt der Elektromotor im Gegensatz zum Verbrennungsmotor auch bei niedrigen Drehzahlen ein sehr hohes Drehmoment zur Verfügung, was sich besonders bei Anfahrten unter Last (z.B. mit einem Anhänger) und bei den Beschleunigungswerten auszahlt. Auch die Leistung wird konstant bis in sehr hohe Drehzahlbereiche abgegeben, während die Leistungskurve des Ottomotors schon bei ca. der Hälfte der Umdrehungen ihren Höhepunkt hat *(siehe Abbildung 3)*.

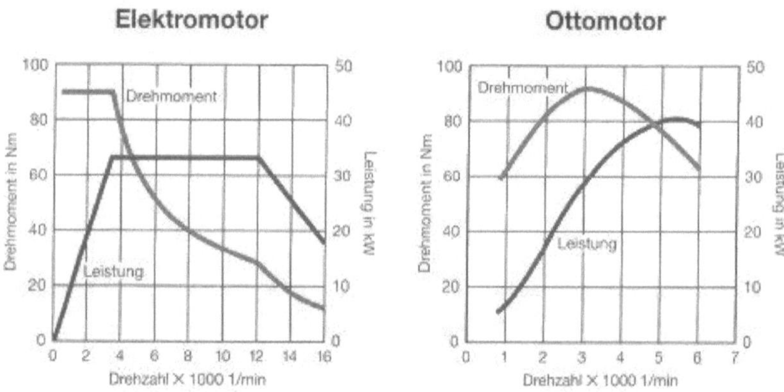

Abbildung 3: Drehmoment- und Leistungskurven von Elektro- und Ottomotoren[6]

Des Weiteren ist der Aufbau des Antriebsstrangs von Elektromotoren deutlich einfacher, weil Bauteile wie Motorblock, Getriebe und zum Teil Bremse nicht mehr benötigt werden. Diese Einsparung von Verschleißteilen sorgt natürlich auch dafür, dass Wartungs- und Anschaffungskosten eingespart werden können. So ist z.B. kein Motorölwechsel mehr nötig und durch das asynchronisierte Getriebe entfällt der Verschleiß der Kupplung (bei einigen Fahrzeugtypen wie etwa Geländefahrzeugen kann ein Untersetzungsgetriebe verbaut werden, um die Geländetauglichkeit zu verbessern, siehe auch 2.2.1). Verschiedene Fahrzeugkomponenten (insbesondere der Motor) können auch dezentral verbaut werden und durch die daraus resultierende Platzeinsparung im Vorderwagen kann das gesamte Fahrzeug durch zusätzliche Verstrebungen und Systeme wie z.B. der „Fußgängerairbag" für alle Verkehrsteilnehmer crashsicherer gemacht

---

[6] http://www.hondaoldies.de/Korbmacher-Archiv/Technik/emotor.jpg

werden. Ein weiterer Sicherheitsaspekt resultiert durch die Elektrifizierung der Aggregate. Hierdurch können nämlich bisher nicht denkbare Assistenzlösungen verwirklicht werden und ein automatischer Betrieb wird deutlich realistischer. Da die Akkusysteme meist im Unterboden sitzen, sorgen diese durch ihr im Vergleich zum Rest des Fahrzeugs hohes Gewicht dafür, dass der Schwerpunkt abgesenkt wird, was positive Fahreigenschaften wie z.B. bessere Kurvenlage nach sich zieht. Was sich ebenfalls positiv auf die Fahrleistungen auswirkt, ist die aerodynamischere Frontpartie der Fahrzeuge, da keine Lufteinlässe für den Motorkühler mehr vorgesehen werden müssen. Der Wegfall des Verbrennungsmotors führt auch zu einer Relativierung der Fahrtgeräusche und Vibrationen, was einen wesentlich besseren Fahrkomfort bedeutet. Lediglich leise Geräusche wie die Reibung der Reifen auf dem Straßenbelag sind vernehmbar. Leider birgt diese Geräuscharmut auch ein immenses Risiko im Straßenverkehr, etwa beim Rückwärtsfahren, oder allgemein, wenn z.B. ein Fußgänger an einer schwer einsehbaren Stelle eine Straße überqueren möchte und sich darauf verlässt, herankommende Fahrzeuge hören zu können.

2.2.1 Antriebsarten von Elektroautos und Range Extender

Derzeit gibt es viele Arten, die Energie aus den Akkumulatoren auf die Antriebsräder zu übertragen. So sind z.B. Radnabenmotoren üblich, die sich in den Radnaben befinden und die Kraft direkt und ohne Synchronisierung auf die Räder übertragen. Wie oben beschrieben gibt es aber auch die Möglichkeit, mehrere Motoren mit Untersetzungsgetrieben und Antriebswellen zu verbauen. Bei Gelände- und Nutzfahrzeugen ist es außerdem sinnvoll, ein Schaltgetriebe zwischen den/ die Motor(en) und die Antriebsräder zu bauen, da so eine optimale Steuerung der Drehmomentübertragung möglich ist.

Um als „Elektroauto" bezeichnet werden zu dürfen, muss der Elektromotor im Fahrzeug die Hauptbetriebsweise ausmachen. Elektromotoren können aber auch in Verbindung mit anderen Motoren eingesetzt werden, wie z.B. im Fall eines Hybridfahrzeugs. Bei dieser Fahrzeugart werden verschiedene Kraftstoffe als Primärenergie eingesetzt (z.B. Verbrennungsmotoren), um daraus Antriebsstrom für den Elektromotor herzustellen. Wenn der Akkumulator direkt am Stromnetz aufgeladen werden kann, nennt man die Fahrzeuggattung Plug-In-Hybrid. Welche Vorteile eine solche Antriebsform hinsichtlich der Leistungs- und Drehmomentcharakteristik bietet, zeigen die folgenden Drehmomentkurven *(Abbildung 4):*

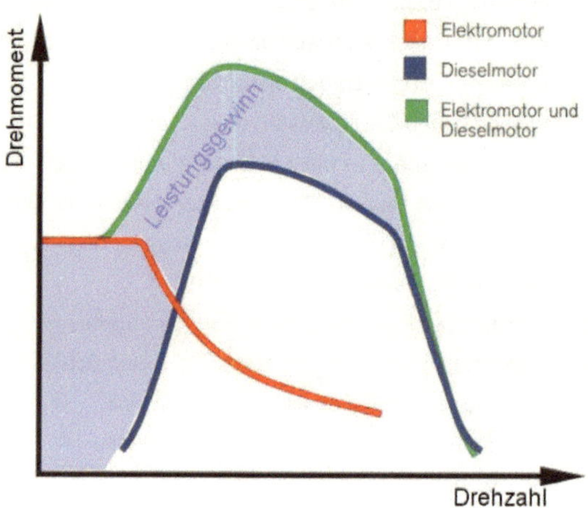

Abbildung 4: Drehmomentkurve eines Hybridbusses im Vergleich[7]

Es ist deutlich zu sehen, dass der Hybridantrieb die Vorteile von Verbrennungs- und Elektromotor kombiniert. In niedrigen Drehzahlbereichen profitiert er vom asynchronisierten Elektroantrieb und dessen schlagartigem Drehmoment. Wenn die Drehzahl steigt, kommt der Vorteil des Verbrennungsmotors zum Tragen, dieser entfaltet erst bei höheren Drehzahlen sein maximales Drehmoment und seine Nachteile bezüglich Synchronisation werden durch den Elektromotor relativiert. So kann über einen breiten Drehzahlbereich über ein hohes Drehmoment verfügt werden.

Ein Hybridfahrzeug ist bereits eine Form eines „Range Extenders" (deutsch: Reichweitenvergrößerung), da dieser eine von Aufladepunkten unabhängige Reichweite garantiert. Da die Reichweite eines Elektroautos meist zu seinen größten Schwachstellen gehört, gibt es verschiedene Ideen und Systeme, um diese zu vergrößern. Die einfachste Form eines Range Extenders ist ein Notstromaggregat direkt im Fahrzeug oder als Generatorenanhänger. Diese Generatoren haben aber meist im Vergleich zum Fahrzeug ein sehr hohes Gewicht und sind im Fall eines Generatorenanhängers umständlich und erhöhen durch ihre schlechte Aerodynamik den Energieverbrauch nochmals. Eine weitere Form der Reichweitenvergrößerung ist die Rekuperation (siehe 2.2.3).

---

[7] http://www.zukunft-mobilitaet.net/wp-content/uploads/2013/03/hybridbus-drehzahl-drehmoment-leistungsplus-580x488.jpg

2.2.2 Das Batteriemanagementsystem (BMS)

Wie oben schon erwähnt bringen Lithium- Akkumulatoren einige Nachteile wie
Temperatur-, Tiefentlade- und Überladeempfindlichkeit mit sich. Um eine lange
Lebensdauer der Akkumulatoren zu gewährleisten und somit die Anschaffung
eines Elektroautos lohnenswert zu machen, bedarf es einer genauen Kontrolle
verschiedener Parameter durch das Batteriemanagementsystem, kurz BMS. Das
BMS übernimmt die Lade- und Entladesteuerung, die Temperaturüberwachung,
die Reichweitenberechnung und die allgemeine Diagnose. Es begrenzt die
entnehmbare Energiemenge bei Lithium- Akkumulatoren meist auf 60-80%, da
diese deutlich schneller altern, wenn hohe Entladetiefen auftreten. Um die
Akkumulatoren vor hohen und niedrigen Temperaturen zu schützen, steuert das
BMS auch die verbauten Klimasysteme, damit die Akkumulatoren auch im
Sommer oder Winter möglichst temperaturunabhängige und konstante
Reichweiten liefern können.
Bei der Alterung von Akkusystemen wird zwischen der kalendarischen Alterung
und der Zyklenhaltbarkeit unterschieden:
> - Als kalendarische Alterung bezeichnet man den Verschleiß der Systeme,
> der auch ohne deren Nutzung z.B. aufgrund ungünstiger Temperaturen
> auftreten kann.
> - Die Zyklenhaltbarkeit gibt die Anzahl der (Ent)Ladezyklen an, die ein
> Akkusystem durchlaufen kann, bis eine Verringerung der
> Ausgangskapazität gegeben ist.

Ein Akkumulator gilt dann als verschlissen, wenn er nur noch 80% seiner
Nennkapazität bieten kann. Er kann danach aber durchaus noch genutzt werden
(z.B. als Stromspeicher für Photovoltaikanlagen, usw.).

2.2.3 Die Rekuperation/ Nutzbremsung

Bei der Rekuperation oder Nutzbremsung wird die kinetische Energie in
elektrische Energie zurückgewandelt und wieder in die Akkumulatoren gespeist.
Dieses System eignet sich besonders für den Stadt- und Kurzstreckenverkehr,
weil hier aufgrund der Verkehrslage und Ampeln/ Kreuzungen viel gebremst
werden muss. Dort können Rückspeisegrade von über 40% erreicht werden, was
den innerstädtischen Energieverbrauch um bis zu 30% senken kann und somit

die Reichweite erhöht. Je sanfter ein Bremsvorgang stattfindet, desto höher ist der Rückspeisegrad der Bremsenergie. Da bei scharfen Bremsmanövern hohe Energiemengen auftreten und diese die empfindlichen Akkumulatoren beschädigen könnten, werden häufig zusätzlich Kondensatoren für die Rekuperation verbaut. Diese können kurzfristig sehr hohe Energiemengen aufnehmen und die Akkumulatoren werden so geschont. Lediglich bei Langstrecken und Autobahnfahrten können mit dem System keine hohen Energieersparnisse verbucht werden, weil hier meist vorausschauend gefahren werden kann und Bremsvorgänge seltener vonnöten sind.

3. Ökologische und ökonomische Aspekte

3.1 Die Well-to-Wheel-Bilanz[4,8,9]

Häufig werden bei der Betrachtung der Umweltbilanzen von Kraftfahrzeugen lediglich deren Energie-/ bzw. Kraftstoffverbrauch berücksichtigt. Wie zu erwarten fällt diese „Tank-to-Wheel-Bilanz" für Elektroautos wesentlich besser aus als für Fahrzeuge mit Verbrennungsmotoren, da erstere als emissionsfrei gelten. Um aber eine umfangreiche Umweltbilanz über den gesamten Lebenszyklus zu erhalten, müssen u.a. auch die Herstellung und Entsorgung des Kraftfahrzeuges an sich und die Erzeugung der Antriebsenergie („Well-to-Tank") betrachtet werden. Die daraus resultierende Umweltbilanz wird „Well-to-Wheel-Bilanz" genannt (siehe Abbildung 5).

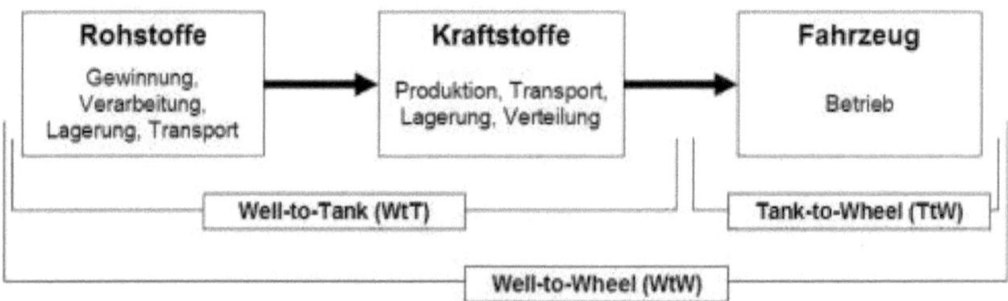

Abbildung 5: Umfang der Well-to-Wheel-Bilanz[10]

---

[8] http://de.wikipedia.org/wiki/Well-to-Wheel
[9] http://www.emobil-umwelt.de/index.php/erg-index/der-lebensweg/herstellung
[10] http://www.forschungsinformationssystem.de/servlet/is/332825/WtWTheorie.jpg

3.1.1 Well-to-Wheel-Bilanz im Vergleich

Antriebsart	Kraftstoff	Produktionsweise	Energiequelle	Gramm CO_2 pro km		
				WtT[1]	TtW[2]	WtW[3]
Ottomotor	Benzin	Raffination	Rohöl	24	140	**164**
Dieselmotor	Diesel	Raffination	Rohöl	24	128	**152**
Hybridantrieb (Ottomotor)	Benzin	Raffination	Rohöl	20	120	**140**
Li-Ion Batterie (Elektromotor)	Elektrizität	Kraftwerkspark	Europäischer Strommix	87	0	**87**

[1] WtT: Well-to-Tank; [2] TtW: Tank-to-Wheel; [3] WtW: Well-to-Wheel

Abbildung 6: Well-to-Wheel-Bilanzen verschiedener Antriebsarten[11]

Wie aus obiger Tabelle *(Abbildung 6)* zu entnehmen ist, fällt bei der Gewinnung,
Verarbeitung und Bereitstellung (Well-to-Tank) von Kraftstoffen wie Diesel oder
Benzin vergleichsweise wenig CO_2 an, während bei deren Umwandlung zu
Antriebs-/ kinetischer Energie im Verbrennungsmotor mehr als fünf Mal so viele
umweltschädliche Gase entstehen (TtW). Insgesamt ist zu beobachten, dass
Dieselkraftstoff während der Verbrennung etwas umweltfreundlicher ist als
Benzin, es entstehen 12 Gramm weniger CO_2 pro km als bei der Verbrennung
von Benzin. Für Dieselmotoren gilt außerdem, dass die Emissionswerte umso
besser werden, je früher das Kraftstoff-Luft-Gemisch im Zylinder gebildet wird. So
ist es bei seiner Verbrennung homogener und verursacht weniger CO_2-
Emissionen.

Für den Elektroantrieb fällt die Bilanz in Hinsicht auf den WtT-Bereich mit 87g
CO2 pro km deutlich schlechter aus. Dies liegt vor allem daran, dass die
Herstellung der Akkumulatoren sehr aufwendig und umweltschädlich ist und sich
die Entwicklung dieser Antriebstechnik in seinem Anfangsstadium befindet.
Außerdem kam nahezu 45% des produzierten Stroms in Deutschland 2013 aus
Braun- und Steinkohlekraftwerken *(siehe Abbildung 7)*. Diese verursachen bei
der Stromerzeugung sehr viel CO_2, was sich in der Bilanz deutlich niederschlägt.

---

[11] vgl.: http://www.forschungsinformationssystem.de/servlet/is/332825/WtWAbb2_neu.jpg

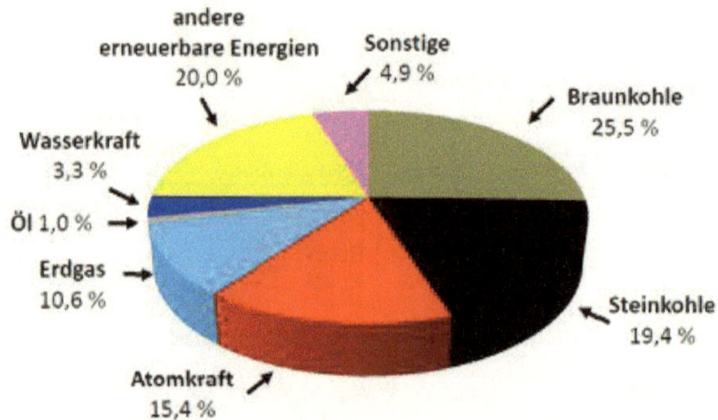

Abbildung 7: Anteile verschiedener Stromerzeuger im Jahr 2013[12]

Dafür wird bei der Umwandlung der Energie in Elektromotoren kein CO_2 ausgestoßen, da Elektroautos -wie oben erwähnt- hinsichtlich der TtW-Bilanz als emissionsfrei gelten.

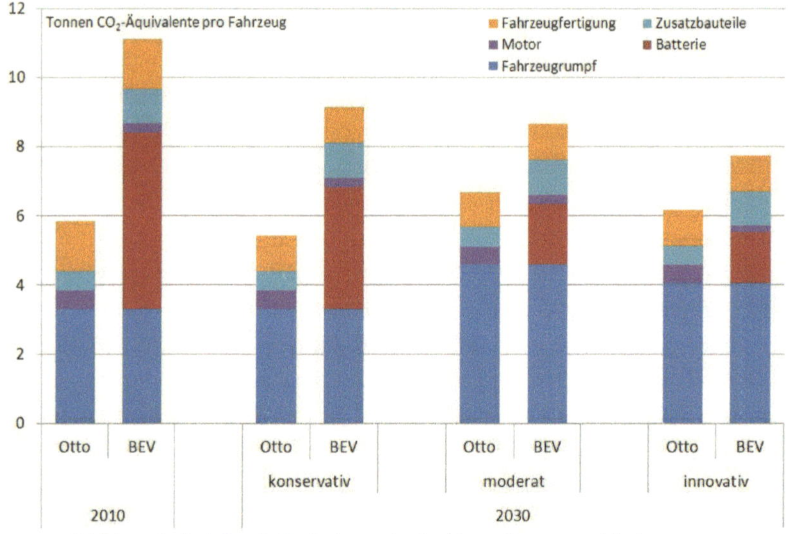

Abbildung 8: Anfallende Emissionen in der Herstellung verschiedener Kraftfahrzeuge [13]

Die Statistik in *Abbildung 8* befasst sich ausschließlich mit der WtT-Bilanz der Antriebskonzepte hinsichtlich der Herstellung der Kraftfahrzeuge an sich. Für den

---

[12] http://www.oekosystem-erde.de/html/bilder/energie_2013_strom_de_web.gif
[13] http://www.emobil-umwelt.de/images/lebensweg/herstellung/klimawirkungen_herstellung_thumb.png

Elektroantrieb fällt die Bilanz deutlich schlechter aus, 2010 wurden für die Herstellung eines Elektroautos nahezu doppelt so viele umweltschädliche Gase emittiert als für die eines Fahrzeugs mit Verbrennungsmotor. Dies liegt hauptsächlich daran, dass die Herstellung der Akkumulatoren/ Batterien sehr aufwendig und umweltschädlich ist, während die Produktion eines Verbrennungsmotors vergleichsweise gering zu Buche schlägt. Was an der Statistik allerdings zu bemängeln ist, ist die Annahme, dass die Fahrzeugrümpfe der beiden Antriebskonzepte gleich konzipiert sind. Es ist aber so, dass die Karosserien von Elektroautos häufig zu großen Teilen aus Aluminium gefertigt werden, um das hohe Gewicht der Akkumulatoren auszugleichen. Die Produktion und Verarbeitung von Aluminium ist sehr CO_2-intensiv und damit umweltschädlich, was sich nochmals auf die Umweltbilanz der Elektroautos niederschlägt. In der Berechnung für das Jahr 2030 kann man aber sehen, dass die Antriebstechnik rund um den Elektromotor noch viel Entwicklungspotenzial birgt und die Akkumulatoren deutlich umweltfreundlicher hergestellt werden können. Dagegen scheint die Produktionsentwicklung des Verbrennungsmotors nahezu abgeschlossen zu sein, sie wird sich laut Hochrechnung der Statistik bis 2030 nicht signifikant verändert haben.

3.2 Wirkungsgrade und Nutzwert[1]

3.2.1 Wirkungsgrad von Verbrennungsmotoren

Der Wirkungsgrad eines Verbrennungsmotors (Verhältnis von eingesetzter zu nutzbarer Energie) ist vergleichsweise schlecht. Bei Dieselmotoren liegt dieser im Optimalfall bei ca. 43%, bei Ottomotoren sogar nur bei ca. 36%. Dies rührt zum einen daher, dass bei der Synchronisation durch die Kupplung viel Energie nicht oder nur teilweise genutzt werden kann. Zum anderen entsteht durch die Verbrennung im Inneren des Motors viel Wärmeenergie, die ebenfalls nicht als Antriebsenergie genutzt werden kann. Eine weitere, aber weniger relevante Form der Verlustenergie ist die Reibungsenergie, die durch die Zylinder und Zylinderkolben entsteht. Diese tritt ebenfalls als Wärmeenergie auf und ist fast ausschließlich von der Drehzahl abhängig. Da die Zylinderkolben aber immer durch einen dünnen Motorölfilm von der Zylinderwand getrennt sind (da sonst ein Kolbenfresser die Folge wäre), ist der Betrag der Reibungsenergie vergleichsweise gering. Die nächste Schwäche haben Verbrennungsmotoren im

Teillastbereich, dort ist der Wirkungsgrad besonders schlecht. Insgesamt wird bei Autos mit Verbrennungsmotoren nicht mehr als 25% der Energie des Kraftstoffes in kinetische, also Bewegungsenergie umgewandelt.

3.2.2 Wirkungsgrad von Elektromotoren

Die Effizienzklassen für Elektromotoren sind 2009 weltweit normiert worden. Es gelten folgende Richtwerte *(Abbildung 9)*:

IE1- Wirkungsgrad im Betrieb >90%

IE2- Wirkungsgrad im Betrieb >94%

IE3- Wirkungsgrad im Betrieb >96%

IE4- Wirkungsgrad im Betrieb >97%

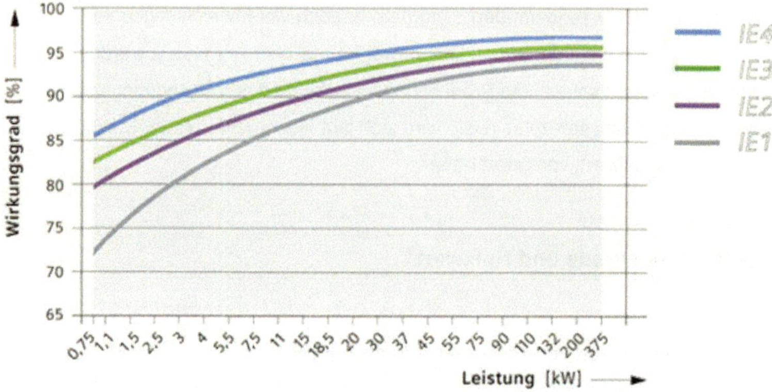

Abbildung 9: Effizienzklassen von Elektromotoren und ihre Wirkungsgrade[14]

Seit Juni 2011 dürfen ungeregelte Elektromotoren der Stärke 0,75-375 kW nur noch ab Effizienzklasse IE2, also ab einem Wirkungsgrad >94% in Verkehr gebracht und verbaut werden. An den Graphen ist zu sehen, dass der Wirkungsgrad steigt, je stärker der Motor ist. Die unteren Werte sind aber uninteressant für die Thematik Elektroantrieb, weil in Elektroautos meist nur leistungsstarke Motoren verbaut werden. Da die meisten Elektroautos moderne Akkusysteme mit bis zu 98% Wirkungsgrad haben, ist der Unterschied hinsichtlich des Tank-to-Wheel-Wirkungsgrades im Vergleich zum Verbrennungsmotor enorm hoch. Seine besonderen Vorteile hat der

---

[14] http://www.industry.siemens.com/drives/global/en/motor/low-voltage-motor/efficiency-standards/PublishingImages/efficiency-standards-01-de.jpg

Elektroantrieb im Teillastbereich, denn zu seinem enorm hohen Wirkungsgrad kommt sein asynchronisiertes Getriebe, welches im Gegensatz zum synchronisierten Getriebe eines Autos mit Verbrennungsmotor keine Energieverluste verbuchen muss. Außerdem verbraucht der Elektromotor bei Stillstand des Fahrzeugs keine Energie, während der Problematik bei Verbrennungsmotoren bereits durch „Start-Stopp-Automatik" Abhilfe geschaffen werden muss.

4. Fazit

Zum Abschluss dieser Facharbeit sollen nun die Ergebnisse zusammengetragen werden, um einen Gesamteindruck über die Thematik zu erlangen. Es ist zu erkennen, dass der Elektroantrieb noch einiger Forschungsarbeit bedarf, bis die Probleme hinsichtlich Akkumanagement, Reichweite und besonders Batteriefertigung beseitigt sind. Erstaunlich ist, dass das Elektroauto in seiner Herstellung zunächst deutlich umweltschädlicher ist als seine Konkurrenz. Aber auch hier kann mit weiterer Entwicklung noch um einiges nachgebessert werden. Wenn es um die Stromerzeugung geht, muss demnächst auch aufgrund der Knappheit von fossilen Rohstoffen auf alternative Energien gesetzt werden. So kann auch die Well-to-Tank-Bilanz der Elektroautos um einiges verbessert werden. Wenn man einen Blick auf die Entwicklung der Autos mit Verbrennungsmotoren wirft, lässt sich erahnen, dass hier bei Weitem nicht mehr so viel Entwicklungspotenzial liegt. Dies begründet sich damit, dass der 1862 erfundene Verbrennungsmotor nun über 150 Jahre weiterentwickelt wurde und zu einem Punkt gelangt ist, der nur begrenzte Verbesserungen hinsichtlich Effizienz und Umweltfreundlichkeit zulässt.
Alles in Allem vermute ich, dass die Straßen in naher Zukunft zunächst noch deutlich von Autos mit Verbrennungsmotoren dominiert werden. Gerade auf Langstrecken und in ländlichen Regionen können diese durch ihre hohe Reichweite so schnell nicht ersetzt werden. Wer aber eine in Bezug auf Unterhaltskosten günstige und umweltfreundliche Alternative sucht und meist in städtischen Gebieten verkehrt, sollte sich durchaus mit dem Gedanken auseinandersetzen, ein Elektroauto zu kaufen, da diese ihren hohen Anschaffungspreis durch Einsparungen hinsichtlich Antriebsenergie und Wartungskosten rechtfertigen. In den nächsten Jahren wird die Anzahl der öffentlichen Ladestationen voraussichtlich deutlich ansteigen und die Ladezeiten

für die Akkumulatoren deutlich verkürzt werden, sodass die Infrastruktur dann auch Langstreckenfahrten ohne konkrete Ladeplanung zulassen wird. Nun mag es dennoch potenzielle Käufer geben, die den Fahrspaß im Elektroauto gefährdet sehen. Wenn man sich jedoch die enormen Drehmomente und Beschleunigungswerte vor Augen führt, die auch Fahrzeuge mit Verbrennungsmotoren in den Schatten stellen, dürfte die Sorge schnell vergessen sein.

Abschließend kann ich sagen, dass mir die Auseinandersetzung mit diesem interessanten und aktuellen Thema viel Spaß gemacht hat und ich dadurch eine neue Sichtweise bezüglich Elektromobilität erlangen konnte.

Literaturverzeichnis

1: http://de.wikipedia.org/wiki/Verbrennungsmotor *(Zugriff am 24.01.2015)*

2: http://de.wikipedia.org/wiki/Ottomotor#mediaviewer/File:Motortakte.png *(Zugriff am 24.01.2015)*

3: http://de.wikipedia.org/wiki/Elektromotor#Praktische_Anwendungen *(Zugriff am 24.01.2015)*

4: http://de.wikipedia.org/wiki/Elektroauto *(Zugriff am 24.01.2015)*

5: http://elweb.info/dokuwiki/lib/exe/fetch.php?tok=331524&media=http%3A%2F%2Fuplo ad.wikimedia.org%2Fwikipedia%2Fde%2F5%2F52%2FGleichstrommaschine.PNG *(Zugriff am 05.03.2015)*

6: http://www.hondaoldies.de/Korbmacher-Archiv/Technik/emotor.jpg *(Zugriff am 13.02.2015)*

7: http://www.zukunft-mobilitaet.net/wp-content/uploads/2013/03/hybridbus-drehzahl-drehmoment-leistungsplus-580x488.jpg *(Zugriff am 20.02.2015)*

8: http://de.wikipedia.org/wiki/Well-to-Wheel *(Zugriff am 24.01.2015)*

9: http://www.emobil-umwelt.de/index.php/erg-index/der-lebensweg/herstellung *(Zugriff am 01.02.2015)*

10: http://www.forschungsinformationssystem.de/servlet/is/332825/WtWTheorie.jpg *(Zugriff am 01.02.2015)*

11: http://www.forschungsinformationssystem.de/servlet/is/332825/WtWAbb2_neu.jpg *(Zugriff am 01.02.2015)*

12: http://www.oekosystem-erde.de/html/bilder/energie_2013_strom_de_web.gif *(Zugriff am 20.02.2015)*

13: http://www.emobil-umwelt.de/images/lebensweg/herstellung/klimawirkungen_herstellung_thumb.png *(Zugriff am 20.02.2015)*

14: http://www.industry.siemens.com/drives/global/en/motor/low-voltage-motor/efficiency-standards/PublishingImages/efficiency-standards-01-de.jpg *(Zugriff am 27.02.2015)*